Jardin
Mode d'emploi

U. Bauer

Jardins de roses

Apprendre à jardiner en toute simplicité...

VIGOT

Sommaire

Jardins de roses

Apprendre à jardiner
en toute simplicité...

L'enchantement d'un jardin de roses

La rose est la fleur par excellence depuis toujours : des contes de fées à la mythologie grecque, elle exerce son charme légendaire. C'est qu'elle compte parmi les plus anciennes plantes cultivées par les hommes. Il y a des milliers d'années, la poétesse grecque Sappho ne l'avait-elle pas déjà sacrée « reine des fleurs » ? Aujourd'hui encore, le rosier est l'une des plantes préférées des jardiniers pour ses magnifiques inflorescences et son parfum envoûtant. C'est, par ailleurs, une plante résistante, de floraison longue – grâce aux techniques de culture modernes – et qui s'adapte à tout type de situation.

La reine des fleurs n'est jamais aussi belle que lorsqu'elle est bien entourée.

Un rosier idéal pour chaque emploi

Il existe un nombre extraordinaire de variétés de rosiers, réparties en différents groupes en fonction de leur possible utilisation. Il y a les **rosiers à massif** relativement bas, remontants en général et qui portent souvent des fleurs en bouquets. Les jardiniers aiment en planter plusieurs les uns à côté des autres pour obtenir des aplats chromatiques, mais ils sont aussi du meilleur effet en plates-bandes mixtes. Les **rosiers couvre-sol** possèdent un feuillage très épais qui empêche les mauvaises herbes de pousser et affichent quand même une séduisante floraison. Ce sont, souvent, des rosiers botaniques : ils ne sont pas greffés et se reproduisent seuls. Les **rosiers tiges** ont un port artificiel : au lieu de réaliser la greffe d'un rosier à massif ou noble au niveau de la racine, l'opération a été effectuée sur le tronc, à 90 cm du sol. Les **rosiers buissons** poussent plus haut et peuvent devenir très imposants. On les apprécie beaucoup dans les plates-bandes mixtes. Les **rosiers grimpants** et les **rosiers lianes** sont les mieux adaptés aux petits jardins car ils ont

Un ciel de roses : quand les rosiers se font grimpants, ils peuvent facilement habiller arceaux, pergolas, pavillons et façades, pour constituer dans les jardins des alcôves idylliques autant propices au repos qu'au rêve.

besoin de peu d'espace au sol pour dresser à la verticale de véritables rideaux de fleurs.

Variations fleuries

Beaucoup d'espèces ressemblent encore aux rosiers botaniques avec des **fleurs simples** à cinq pétales et une couronne d'étamines dorées au centre. Au fil du temps, les cultivateurs ont cependant réussi à transformer les étamines en pétales et obtenu des inflorescences mi-doubles, doubles, voire **très doubles**. Jusqu'à la fin du XIXe siècle, presque toutes les espèces de rosiers courantes en Europe ne fleurissaient qu'une fois, en juin/juillet. Ces **rosiers historiques**, presque tous des rosiers buissons, sont dits « **anciens** ». Très résistants, ils se distinguent surtout par leur parfum divin et leurs fleurs en larges coupes pleines.

En 1867 fut créé le premier hybride **remontant,** en croisant rosier Thé et rosier de Chine. Suivirent d'innombrables cultivars modernes qui fleurissent depuis juin jusqu'en automne. Si les nouvelles roses sont très belles, il faut constater qu'elles résistent moins à l'hiver et que leur parfum est moins intéressant. Le rosiériste David Austin a réussi, pour sa part, à recréer le charme et le parfum incomparable des rosiers anciens chez des rosiers modernes remontants, en mettant au point les célèbres **rosiers anglais**.

La couleur du rosier détermine aussi son utilisation. Toutes les nuances existent, à l'exception de celles du bleu. Les plantes d'accompagnement devront s'harmoniser avec, car pour exister pleinement, la reine a besoin d'être entourée d'une cour digne d'elle.

Un magnifique massif

C'est un massif superbe, tout en contrastes, que nous vous présentons ici : les complémentaires s'y jouxtent, le jaune et le bleu, le rouge et le vert, chaque couleur mettant l'autre en valeur.
Le résultat : un gai tableau estival qui respire la joie de vivre. Les rosiers et les belles vivaces ici rassemblés fleurissent longtemps ou à plusieurs reprises de juin à septembre. En outre, les feuillages décoratifs de l'alchémille jaune, de la bétoine et de la fétuque cendrée ornent le massif durant toute la saison.
Au centre, le rosier grimpant blanc « Ilse Krohn Superior » s'enroule autour d'un obélisque. Ses tiges pittoresques retombent sur le massif dont elles adoucissent les contours. S'y opposent les inflorescences dressées vers le ciel de la rose trémière et du pied-d'alouette bleuté ; ces dernières constituent face aux touffes rondes de la monarde rouge et aux coupoles immaculées du phlox un contrepoint chromatique et formel à la fois qui rompt la monotonie de l'ensemble.

Ce dont vous avez besoin

1. **Rosier grimpant 'Ilse Krohn Superior' (*Rosa*) blanc, fleurs doubles, remontant : x 1**
2. **Rose trémière (*Alcea rosea*) jaune ou rose : x 4**
3. **Monarde (*Monarda* – hybrides) comme 'Prairienacht', pourpre : x 10**
4. **Pied-d'alouette (*Delphinium* – hybrides) par ex. 'Fernzünder' plante haute, bleu moyen : x 6**
5. **Rosier à massif 'Friesa' (*Rosa*), jaune, fleurs doubles, remontant : x 2**

6 Sauge bleue (*Salvia nemorosa*) par ex. 'Mainacht', bleu noir : x 12

7 Phlox des jardins (*Phlox paniculata*) par ex. 'Pax', blanc : x 4

8 Alchémille jaune (*Alchemilla mollis*) : x 3

9 *Geranium sanguineum* : x 6

10 Fétuque cendrée (*Festuca cinerea*), feuilles bleutées : x 8

11 Bétoine (*Stachys byzantina*), feuillage argenté : x 7

Comment planter

Ce massif sera du meilleur effet devant une clôture. Les hautes roses trémières et les imposants pieds-d'alouette pourront s'y appuyer et les tiges des rosiers grimpants s'y accrocher. La plantation est étagée pour que les espèces les plus petites se trouvent à l'avant, et que l'on puisse apprécier toutes les plantes depuis le jardin.

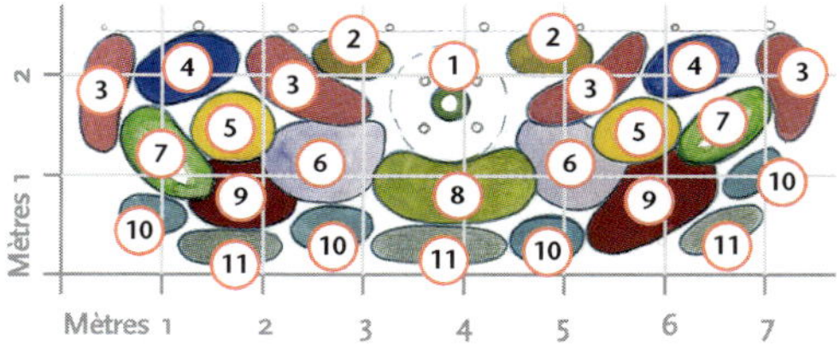

Plan de la composition p. 8 et 9

Du soleil et de l'air

Vous avez besoin d'un emplacement lumineux, ensoleillé et bien aéré. Au chaud, par exemple devant un mur orienté sud, **rosiers, phlox et monardes** ont tendance à souffrir de l'oïdium. D'ailleurs, nous vous recommandons d'octroyer un peu plus d'espace à ces espèces. Commencez par bien ancrer votre obélisque dans le sol en suivant les indications du fournisseur. Si vous n'avez pas envie d'utiliser ce type de structure, vous pouvez opter pour un rosier buisson blanc assez imposant comme 'Mme Hardy' ou 'Boule de Neige'. Les **roses trémières** se plantent au début de l'automne (voir p. 14).
Ces bisannuelles passeront l'hiver sous forme de rosaces de feuilles pour ne fleurir que l'été suivant. La meilleure période pour planter les rosiers est le mois de novembre. Quant aux vivaces, elles peuvent être plantées au printemps suivant. Pour qu'elles se développent bien, le sol devra être meuble en profondeur, bien drainé, humifère et riche. Un peu de compost les aidera à bien reprendre.
Seules la **fétuque** et la **bétoine** préfèrent les sols plus légers : mettez du sable dans leurs trous de plantation ; vous les arroserez et les amenderez avec parcimonie. Répartissez vos plants encore en pots sur le sol et vérifiez qu'ils se trouvent tous à bonne distance les uns des autres. Puis, procédez à la plantation en partant de la clôture.

CONSEIL

Il existe une multitude de variétés différentes de pieds-d'alouette présentant tous les tons de bleu et de blanc imaginables. Attention, ces fleurs peuvent être de hauteurs variées, détail dont vous devrez tenir compte si vous optez pour une autre variété que celle proposée.

Comment soigner vos plantes

Chaque printemps, il est recommandé de stimuler la reprise des rosiers et des nombreuses vivaces à fleurs, **pieds-d'alouette**, **phlox**, **monardes**, comme des **roses trémières** et des **alchémilles**, en leur apportant une bonne dose de compost ou d'engrais complet.

Les rosiers

Les **rosiers grimpants** ne tiennent pas tout seuls : aussi les nouvelles pousses doivent-elles en permanence être attachées au support. Vous lierez à l'horizontale les pousses latérales ainsi que les tiges principales dès que la hauteur souhaitée est atteinte ; à moins que vous ne préfériez les laisser retomber. Vous obtiendrez ainsi un dense rideau de fleurs. Pensez, par ailleurs, à couper les fleurs fanées du rosier grimpant 'Ilse Krohn Superior' et du **rosier à massif** 'Friesa', qui sont tous deux remontants. Au printemps, avant la reprise, rabattez les rosiers à massif à 20-30 cm du sol.

Les plantes d'accompagnement

Le premier plan du massif vous demandera moins de travail. Au contraire, si vous arrosez ou nourrissez trop **fétuques** et **bétoines**, les tiges bleutées des premières verdissent et les feuilles blanches et laineuses des secondes ont tendance à pourrir. En période sèche, un arrosage régulier est absolument nécessaire aux vivaces plus hautes.
On rabattra au sol les **pieds-d'alouette** après leur floraison principale en juin/juillet. Cela leur permettra de refleurir en septembre/octobre.
Traitez les **alchémilles** de la même manière : elles formeront alors des touffes bien compactes de feuillage frais.

Les arceaux offrent un support aux rosiers grimpants et permettent en outre de structurer avec charme une composition.

Autres suggestions
Vous pouvez remplacer

1. **par le rosier buisson (*Rosa*) 'Mme Hardy' ou 'Boule de Neige', tous deux d'env. 1,50 m de haut, blanc à fleurs doubles, non remontant : x 1**
2. **par la molène (*Verbascum bombyciferum*), hauteur 120-180 cm, jaune : x 4**

Une atmosphère romantique – Ton sur ton

Voici un coin de jardin qui vous invite au rêve, un lieu parfait pour vous laisser aller à vos émotions : des couleurs romantiques et fraîches, un doux ton sur ton allant du pourpre au blanc en passant par le rose pastel. Ça et là, les feuilles de la coquelourde, de la bétoine, de la fétuque et de l'herbe-aux-chats parsèment de gris le massif, harmonisant l'ensemble sous un voile argenté. Les buissons des rosiers anciens constituent le cadre de la composition. Leurs merveilleuses fleurs aux innombrables pétales et à l'incomparable parfum ajoutent encore au charme mélancolique du tableau.

C'est en juin et en juillet que ce massif est le plus beau, lorsque les rosiers anciens et les vivaces fleurissent en même temps et mêlent leurs couleurs. Les roses trémières, la mauve musquée, la valériane rouge et l'herbe-aux-chats fleuriront toutefois jusqu'en septembre.

Ce dont vous avez besoin

1. **Rosier ancien 'Charles de Mills' (*Rosa gallica*), pourpre foncé, très double, non remontant : x 1**
2. **Rosier ancien 'Léda' (*Rosa x damascena*), blanc, taché de carmin et de rose en bordure, très double, refleurit en automne : x 1**
3. **Rosier ancien 'Fantin Latour' (*Rosa x centifolia*), rose tendre, très double, non remontant : x 2**

4 Rose trémière (*Alcea rosea*), fleurs roses et blanches : x 6

5 Lis de la Madone (*Lilium candidum*) : x 3

6 Mauve musquée (*Malva moschata*) : x 10

7 Valériane rouge (*Centranthus ruber*) : x 8

8 Gypsophile brouillard (*Gypsophila paniculata*) blanc : x 6

9 Coquelourde des jardins (*Lychnis coronaria*), rouge carmin lumineux, feuillage gris : x 6

10 Coquelourde des jardins (*Lychnis coronaria*) 'Albiflorus', fleurs blanches, feuillage gris : x 2

11 Achillée mille-feuille 'Heidi' (*Achillea millefolium* – hybride), pourpre foncé : x 3

12 Achillée mille-feuille 'Apfelblüte' (*Achillea millefolium* – hybride), rose clair : x 3

13 Herbe-aux-chats (*Nepeta x faassenii*), fleurs violettes, feuillage gris : x 4

14 Bétoine (*Stachys byzantina*) : x 10

15 Fétuque cendrée (*Festuca cinerea*) : x 2

Comment planter

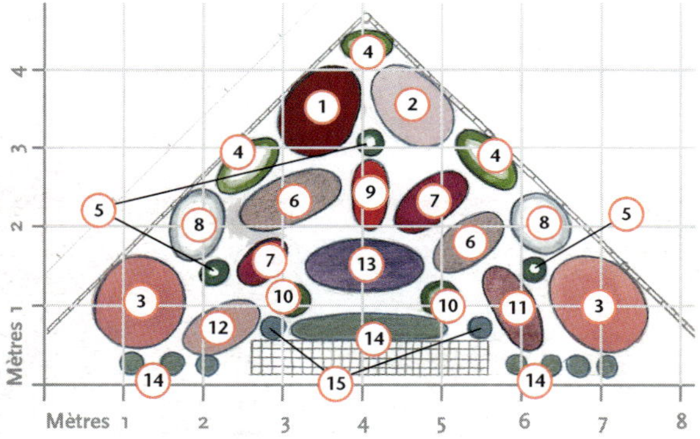

Plan de la composition p. 12 et 13

Si ce coin de jardin est aussi romantique, c'est grâce à ses innombrables nuances de roses et à ses nombreuses vivaces au feuillage gris ou argenté. C'est un ensemble qui, vous vous en doutez, ne peut s'épanouir pleinement qu'en plein soleil et au chaud sur un sol bien drainé, plutôt sablonneux, lequel pourra même être sec de temps à autre. Cependant, les rosiers préfèrent souvent les sols plus riches et humifères ; ils ne supportent pas les terrains desséchés. Et si les **rosiers buissons anciens** que nous utilisons ici sont les rosiers les plus résistants qui existent, il n'en est pas moins conseillé d'enrichir avec beaucoup de compost la terre de leurs trous de plantation.

Les roses trémières bisannuelles

Ce conseil est aussi valable pour les **achillées** et les **roses trémières**. Ces dernières plantes, somptueuses, sont bisannuelles : on les sème au printemps et les plants croissent jusqu'au début de l'automne – c'est très souvent à ce stade de développement qu'elles sont vendues. À ce moment-là, vous les repiquez. Ce n'est que l'année suivante qu'elles s'orneront de leurs belles inflorescences. En général, cette plante a une durée de vie réduite, mais comme elle se ressème facilement, on peut jouir de sa beauté durant plusieurs années.

Les bulbes du **lis de la Madone** doivent être enterrés en août. Choisissez de gros bulbes non abîmés ; ce sont ceux qui donneront les plants les plus robustes. Enfoncez-les à 3 cm de profondeur environ. Les premières feuilles apparaîtront avant l'hiver. Elles sont persistantes. Pour ce qui est des vivaces, le mieux est de les planter au printemps.

CONSEIL

Si votre jardin a tendance à être victime des campagnols, nous vous recommandons de protéger les bulbes des lis avec de petits paniers en fil de fer avant de les planter : ils ne pourront pas les atteindre.

Comment soigner vos plantes

Les rosiers

Les **rosiers anciens** sont incroyablement résistants et faciles d'entretien. Il suffit d'en couper tous les deux ans quelques tiges anciennes et d'en ôter les branches mortes. Si vous remarquez une pousse isolée trop longue, raccourcissez-la en été, après la floraison. Buttez-les en hiver et apportez-leur de l'engrais au printemps pour qu'ils reprennent bien.

Les plantes d'accompagnement

Vers la fin de l'hiver, coupez les restes morts des vivaces et ôtez les tiges jaunies de la **fétuque cendrée**. Apportez une bonne quantité de compost aux **roses trémières** et aux **achillées** pour favoriser leur reprise. **Coquelourde**, **herbe-aux-chats**, **fétuque** et **bétoine** ne doivent recevoir qu'un peu d'engrais tous les deux ans. Les **coquelourdes** ont la vie brève, mais se ressèment en quantité, ce qui fait qu'on peut en profiter pendant longtemps. Vous devrez vous débarrasser des nouvelles pousses d'**achillées**, car elles ne seront pas de la variété choisie au départ et présenteront des couleurs qui pourraient faire tache dans le chromatisme ton sur ton de notre composition.
On évitera à la délicate **gypsophile brouillard** de s'épuiser à produire des graines en en coupant les inflorescences dès qu'elles sont fanées.
En pratiquant de même avec la **valériane**, vous prolongerez sa floraison. Enfin, taillez les touffes d'**herbe-aux-chats** à mi-hauteur après leur floraison principale. Cela leur permettra de refleurir.
Le **lis de la Madone** fleurit en juin/juillet. Coupez les inflorescences après qu'elles se sont fanées, mais laissez aux feuilles le temps de jaunir, car c'est pendant cette phase que le bulbe emmagasine les substances qui permettront à la plante de reprendre. Ce n'est donc qu'en juillet que vous la taillerez complètement. Les nouvelles feuilles, persistantes, apparaîtront en septembre.

Le rosier 'Nestor' ou comment les multiples nuances du rose peuvent rendre un jardin romantique.

Un jardin baroque

Pendant de longs siècles, les rosiers ont été associés aux jardins formels. Dans les jardins médicinaux des cloîtres, dans les jardins rustiques traditionnels comme dans les jardins de style Renaissance ou baroques aux lignes géométriques, partout, la « reine des fleurs » a toujours été présente, entourée de figures symétriques en buis.

Composition classique

La proposition ci-contre cherche à recréer en plus petit un jardin de roses classique. Ses lignes de structure guident le regard, transmettant une impression de calme au spectateur. La haute haie de troènes à l'arrière-plan et l'arceau couvert de roses à l'avant forment le cadre de cette composition où les rosiers fleurissent de juin à septembre. Les deux puttos placés aux extrémités de l'allée transversale apportent une dernière touche de style baroque à l'ensemble. On pourrait presque imaginer, flânant, les dames en robes à crinoline et les messieurs en perruques poudrées.

Ce dont vous avez besoin

1. **Buis commun (*Buxus sempervirens*) 'Suffruticosa', persistant, de préférence env. 15 cm de haut : x 80**
2. **Rosier tige 'La Paloma '85' (*Rosa*), fleurs blanches, doubles, remontant : x 1**
3. **Rosier à massif 'The Fairy' (*Rosa*), fleurs roses doubles ; remontant : x 10**
4. **Rosier à massif 'Happy Wanderer' (*Rosa*) fleurs rouges doubles, remontant : x 14**
5. **Rosier grimpant 'Ilse Krohn Superior' (*Rosa*) fleurs doubles blanches, remontant : x 2**
6. **Troène de Californie (*Ligustrum ovalifolium*), persistant : x 15**

6
6
2
4
4
3
3
1
1
1
5
5
4

Comment planter

Attention, cette composition exige une plantation exacte et des soins réguliers. Il faut donc être un jardinier averti. Les ligneux y jouent un rôle important de structuration : la haie lisse des **troènes de Californie** constitue un fond sombre sans lequel les couleurs des roses ne seraient pas aussi lumineuses. Peut-être avez-vous la chance d'en avoir déjà une dans votre jardin. Dans le cas contraire, sachez qu'il faut trois à quatre plants par mètre de haie. Le mieux est de creuser une tranchée avant la plantation. Évidemment pour que le mur végétal atteigne la hauteur d'un homme, il faut de nombreuses années. Alors pour les impatients qui ne sont pas trop près de leurs sous, les pépinières proposent des arbustes déjà grands.
Cette dernière remarque vaut aussi pour les pieds de **buis** qui croissent lentement : il est possible, avec beaucoup de patience, de cultiver soi-même ses plants ou bien de les acheter à différents âges (ex. de prix : plant de 15 cm : 6 euros env., de 50 cm : 28 euros env.).

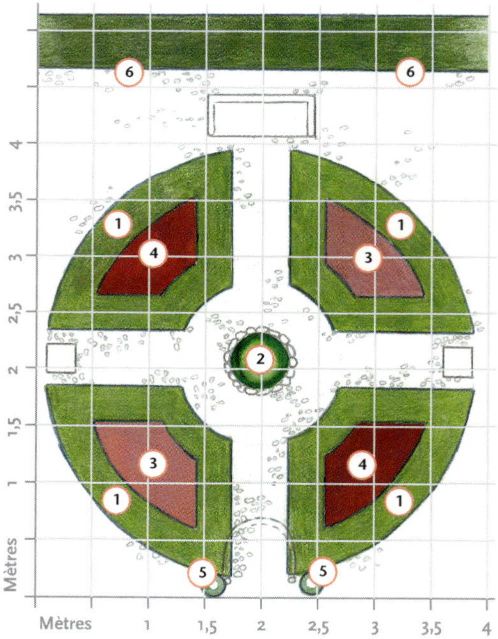

Plan de la composition p. 16 et 17

Quelques trucs simples

Pour reproduire avec exactitude le dessin géométrique de la composition, commencez par en déterminer le centre. Plantez-y un bâton auquel vous nouerez une ficelle et attachez au bout de celle-ci une baguette : cela vous permettra de tracer des cercles exacts sur le sol en toute simplicité. Avec des ficelles tendues, vous pourrez aussi dessiner la croix des allées. L'arceau qui va porter les roses doit être solidement ancré dans le sol. Commencez par planter le buis le long des lignes. Puis vous placerez les rosiers dans les massifs. Mettez en valeur le rosier tige au centre en entourant son pied de pierres.

Comment soigner vos plantes

Dans les compositions classiques, les rosiers servent souvent à remplir des espaces géométriques bordés de buis.

Les rosiers

Début décembre, buttez les pieds des **rosiers** avec de la terre de jardin ou du compost. On protégera du soleil hivernal les cimes du **rosier tige** et les **rosiers grimpants** avec de la toile de jute ou des branchages d'épicéa. Quand l hiver sera fini (selon les régions, mi-mars/début avril), on taillera le rosier tige et les **rosiers à massif** à mi-hauteur.
Pour les rosiers grimpants remontants, il suffira de retirer les tiges mortes et de raccourcir de moitié les pousses latérales. Ensuite, vous déchausserez les plants.

Pour stimuler la reprise des rosiers, apportez-leur de l'engrais. Pendant la floraison, vous couperez les fleurs fanées, afin de favoriser la remontée. N'oubliez pas d'attacher votre rosier grimpant. Avant l'hiver suivant, vous retirerez les feuilles mortes du sol et butterez de nouveau les pieds de vos rosiers.

Les haies

Une fois par an, au mieux à la fin de l'hiver, juste avant la reprise, **troènes** et **buis** ont besoin d'être taillés à la cisaille. C'est la seule manière efficace pour stimuler la ramification et obtenir des haies denses et régulières. Faites en sorte que votre haie de troènes soit légèrement plus étroite en haut : cela permet que les pieds ne se dénudent pas trop.
Épandez de l'engrais sur vos ligneux une fois tous les deux ans, au printemps, et jamais après la fin du mois de juillet sinon les pousses seront trop molles en hiver (faiblement lignifiées) et donc beaucoup plus sensibles au gel.

Autres suggestions

Vous pouvez remplacer

- (3) **par le rosier à massif 'Bonica '82', remontant, fleurs doubles roses, ou par ex. 'Schneeflocke' ou 'La Paloma '85' blancs : x 10**
- (4) **par les rosiers à massif 'Tornado' ou 'Gartenzauber', fleurs rouges doubles : x 14**

Un paysage paradisiaque

Avec le rosier liane ‘Bobbie James’ dans votre jardin, vous aurez presque l’impression de vivre dans une forêt vierge... Ses pousses sinueuses s’accrocheront aux branches d’un vieil arbre fruitier et lui offriront avec leurs pompons roses comme une deuxième floraison en juin/juillet. La haie d’églantiers aux fleurs simples rose clair continuera le décor naturel à l’arrière-plan. Des jeunes feuilles de ces rosiers sauvages émane un doux parfum de pomme. Les insectes aiment à s’y nourrir. Et les oiseaux, qui adorent en manger les fruits en automne, apprécient les deux mètres de hauteur du buisson pour nidifier.
C’est le rosier ‘The Fairy’ qui couvrira le sol montant à la maison ; son épaisseur le protège naturellement des mauvaises herbes. Le lierre habillera les murs de vert. Associé à la digitale pourpre et aux églantiers, il parachève ce paysage particulier qui donne l’impression d’être à la fois dans une forêt et une prairie.

Ce dont vous avez besoin

1. **Églantier (*Rosa rubiginosa*), rose clair, fleurs simples, floraison unique : x 5**

2. Rosier liane 'Bobbie James' (*Rosa*) fleurs simples blanches, non remontant : x 1

3. Rosier couvre-sol 'The Fairy' (*Rosa*), fleurs roses doubles, remontant : x 20

4. Digitale pourpre (*Digitalis purpurea*) 'Gloxiniaeflora', grandes fleurs à taches blanches rose pastel et pourpre : x 4

5. Lierre commun (*Hedera helix*), feuillage persistant : x 2

Comment planter

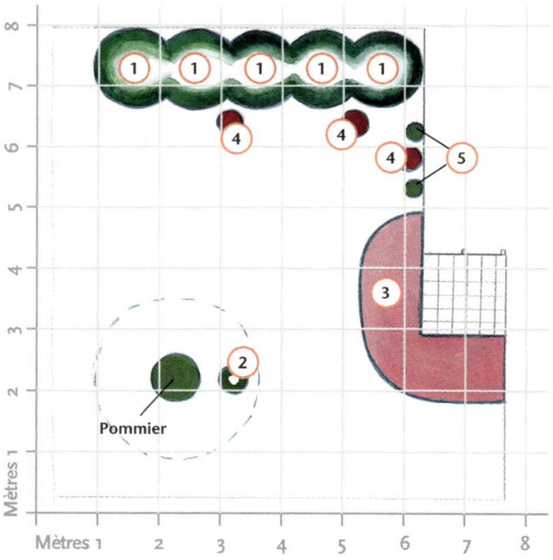

Plan de la composition p. 20 et 21

Pour ceux qui préfèrent la sieste à la transpiration du jardinier, cette composition est idéale. Elle demande peu d'entretien, mais beaucoup d'espace. La haie d'églantiers occupera une bande de 2 m de large après quelques années. Ces buissons résistants supportent de pousser à mi-ombre. Le pommier et le rosier liane ont, eux, besoin d'être en plein soleil et à bonne distance des autres végétaux. Vous planterez le rosier liane à au moins 1 m du tronc du pommier, et dans un trou assez large pour que les racines ne se fassent pas trop concurrence. Puis, vous utiliserez une solide ficelle pour attacher les premiers mètres du rosier à l'arbre. Ensuite, les pousses du rosier s'accrocheront seules dans les branchages.

Des rosiers botaniques

Pour les haies et pour couvrir le sol, il est recommandé d'acheter des rosiers botaniques, c'est-à-dire non greffés : cela vous évitera de devoir ramper pour vous débarrasser des gourmands indésirables. Placez le **lierre** à environ 30 cm de la façade ; ses racines crampons lui permettront de grimper à la verticale. Pour les **fleurs de prairie**, il existe des mélanges de graines prêts à semer. La **digitale** poussera à mi-ombre près de la haie ou du mur. Semez-la en juin. En septembre, déterrez les plants, et repiquez-les à environ 40 cm de distance les uns des autres. Les premières fleurs n'apparaîtront que l'année suivante.

CONSEIL

Si vous souhaitez renforcer l'impression de forêt, plantez quelques fougères à mi-ombre et de hautes herbes au soleil.

Comment soigner vos plantes

Les rosiers

Le **rosier liane** aura besoin de deux à trois ans pour monter jusqu'à la cime du pommier et y trouver la lumière du soleil. Ce n'est qu'alors qu'il déroulera son riche tapis de fleurs.
Vous le laisserez donc si possible en paix jusqu'à cet instant. Ensuite, coupez à l'occasion les tiges mortes et palissez là où c'est nécessaire. Il en va de même pour la **haie d'églantiers**. Les premières années, on arrive encore à voir au travers, puis les rangs de ces rosiers sauvages se resserrent. À ce moment-là, et là seulement, on recommande de tailler un peu, uniquement les tiges mortes ou trop vieilles. Certes, on peut procéder à une taille plus drastique, chez les églantiers non remontants, mais cela retarde toujours le début de la floraison.
Les premières années, sarclez entre les pieds des **rosiers couvre-sol** afin d'ôter les mauvaises herbes. Au fil du temps, cet entretien sera de moins en moins nécessaire, les plants étendant leurs ramifications et étouffant sous leur feuillage dense toute velléité de pousse. Il n'est pas conseillé de tailler régulièrement. Si nécessaire, au bout de plusieurs années, vous pourrez rabattre les plants à 30 cm de hauteur : ils reprendront avec des ramifications plus denses encore. Si vous avez utilisé des plants non greffés, il sera aussi inutile de les butter en hiver.

Un arbre fruitier couvert d'un magnifique rideau de roses ou comment le rosier liane 'Weddingday' conquiert les cimes.

Les plantes d'accompagnement

La **digitale** est une vivace à la vie courte : si vous la rabattez juste après sa floraison, elle durera plus longtemps.

Autres suggestions
Vous pouvez remplacer

1. **par le rosier cannelle (*Rosa majalis*), magenta, fleurs simples, non remontant : x 5**
2. **par le rosier liane 'Paul's Himalayan Musk' (*Rosa*), fleurs roses doubles, non remontant : x 1**
3. **par le rosier couvre-sol 'Swany' (*Rosa*), fleurs blanches doubles, remontant : x 16**

Composition de style rural

Les jardins ruraux se caractérisent par l'association bigarrée de cultures vivrières et de plantes d'agrément. Des annuelles telles que les nigelles de Damas et les lavatères à grandes fleurs s'y trouvent tout autant à leur aise que les légumes. Des vivaces à grandes fleurs comme les phlox des jardins ou les pieds-d'alouette y sont aussi courantes que les herbes aromatiques et les roses. Le carré bordé de buis et coupé par un croisement d'allées est une figure caractéristique du jardin paysan traditionnel du siècle passé.
Le centre en est marqué par un rosier tige au pied duquel poussent d'odorants aromates. L'association de ces deux types de plantes n'est pas seulement plaisante à contempler : les herbes protègent aussi les roses des maladies et des nuisibles. Le traditionnel rosier ancien contre la clôture protège le jardin de la vue des promeneurs tout en leur offrant son délicieux parfum. À l'entrée du jardin et sur les murs de la maison, les rosiers grimpants achèvent de donner une troisième dimension à la composition tant et si bien qu'en suivant les allées bordées de fleurs, l'on a l'impression de pénétrer dans un véritable écrin de verdure.

Ce dont vous avez besoin

1. **Rosier grimpant 'Ilse Krohn Superior' (*Rosa*), fleurs blanches doubles, remontant : x 4**
2. **Rosier grimpant 'Sympathie' (*Rosa*), fleurs rouges doubles, remontant : x 2**
3. **Rosier ancien buisson 'Maxima' (*Rosa x alba*), Jacobite Rose, fleurs blanches doubles, non remontant : x 1**
4. **Rosier tige 'La Paloma '85' (*Rosa*), fleurs blanches doubles, remontant : x 1**
5. **Thym (*Thymus vulgaris*) : x 8**
6. **Sauge officinale (*Salvia officinalis*) : x 5**
7. **Lavande (*Lavandula angustifolia*) : x 7**
8. **Phlox des jardins 'Kirmesländler' (*Phlox paniculata*), blanc à œil rouge, plante haute : x 2**
9. **Phlox des jardins 'Düsterlohe' (*Phlox paniculata*), violet foncé – rouge, plante haute : x 2**
10. **Phlox des jardins 'Landhochzeit' (*Phlox paniculata*), violet clair – rose, plante haute : x 2**
11. **Phlox des jardins 'Pax' (*Phlox paniculata*), blanc, taille moyenne : x 2**
12. **Phlox des jardins 'Württembergia' (= 'Jules Sandeau') (*Phlox paniculata*), rose, taille moyenne : x 2**
13. **Phlox des jardins 'Sternhimmel' (*Phlox paniculata*), violet clair, taille moyenne : x 2**
14. **Pied-d'alouette 'Grünberg' (*Delphinium* – hybrides), violacé, plante haute : x 3**

15 Pied-d'alouette 'Finsteraarhorn' (*Delphinium* – hybrides), bleu soutenu, plante haute : x 3

16 Digitale (*Digitalis purpurea*), rose et blanche : x 1

17 Lavatère à grandes fleurs, (*Lavatera trimestris*) : x 10

18 Nigelle de Damas (*Nigella damascena*) 'Miss Jekyll', bleu ciel : x 16

19 Rose trémière (*Alcea rosea*) : x 3

20 Buis commun (*Buxus sempervirens*) 'Suffrutticosa', feuillage persistant : x 90

Comment planter

Cette composition, qui réunit plusieurs éléments typiques des jardins campagnards, occupe l'ensemble d'un terrain. Si vous ne disposez pas d'autant de place, vous pouvez sans souci n'en réaliser qu'une partie, par exemple le parterre de plantes aromatiques avec le rosier tige en son centre, ou le carré de légumes

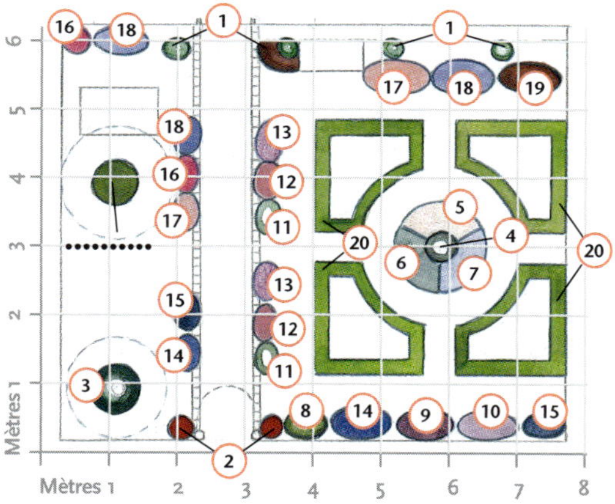

Plan de la composition p. 24 et 25

aux allées bordées de buis ou encore tout simplement l'association des rosiers, des phlox et des pieds-d'alouette avec des fleurs annuelles : ce sera très joli aussi. Hormis la digitale, qui croît à mi-ombre, toutes les plantes utilisées ici ont besoin de soleil.

Respecter les distances

Les **rosiers grimpants** auront besoin de s'accrocher à un treillage stable le long de la maison. Montez-en un à 20-30 cm de distance du mur pour que l'air puisse circuler et que vous évitiez à vos plantes oïdium et nuisibles. Les murs orientés au sud ne conviennent pas. Le mieux, c'est une paroi orientée sud-est ou sud-ouest. Le rosier 'Maxima' devra être planté suffisamment loin de la clôture car il va devenir très imposant. Pour mettre en place le carré de buis et le massif en son centre, vous vous aiderez de ficelles comme indiqué page 18. Les **rosiers** et le **buis** doivent être plantés en automne, les vivaces en automne ou au printemps. Pour les **roses trémières**, reportez-vous aux conseils de la page 14. Le **lavatère à grandes fleurs** et la **nigelle de Damas** sont des plantes annuelles résistantes qui fleurissent en été : semez-les en avril à l'emplacement choisi puis éclaircissez en supprimant une partie des plants.

CONSEIL

Les soucis, œillets d'Inde et grandes capucines sont aussi des fleurs typiques des jardins paysans et décoreront à la perfection votre carré de légumes.

Comment soigner vos plantes

Dans les anciens jardins paysans, on trouve souvent des rosiers tiges plantés au milieu de légumes colorés.

Les rosiers

Pendant leurs premières années, dirigez les tiges des rosiers grimpants dans la direction souhaitée et attachez-les à l'arceau et au treillage. Contre la façade, vous penserez à palisser à temps quelques pousses à l'horizontale, pour qu'elles longent le bas des fenêtres par exemple. Cela permet de stimuler la floraison. Les trois premières années, laissez pousser ces rosiers tranquillement. Ensuite, vous pourrez tailler les rosiers remontants au printemps, en rabattant à quatre yeux de leur base les pousses latérales.

Protégez la cime du rosier tige du gel en hiver avec de la toile de lin ou des branchages d'épicéa. Et taillez-en les tiges au printemps pour qu'elles ne mesurent que 20 à 30 cm. Vous laisserez le vénérable **rosier 'Maxima'** pousser tranquillement ; il ne fleurit qu'une fois l'an. Plus tard, vous pourrez en tailler les pousses trop âgées tous les deux ans.

Les plantes d'accompagnement

Le **buis** doit être taillé une fois l'an, si possible à la fin de l'hiver. Les **herbes aromatiques** demandent à être récoltées le plus souvent possible. Cela leur permet de mieux se ramifier et d'être plus denses. Les **pieds-d'alouette** fleuriront une deuxième fois si vous les rabattez au niveau du sol après leur floraison en juillet. Tailler la **digitale** après sa floraison prolongera sa durée de vie. Veillez à arroser régulièrement les **phlox** pour éviter l'oïdium. Au printemps, vous prêterez attention à arroser régulièrement le sol où vous avez semé vos **annuelles**.

Autres suggestions
Vous pouvez remplacer

1. **par le rosier liane 'Paul's Himalayan Muskv' (*Rosa*), fleurs roses doubles, non remontant : x 4**
2. **par le rosier grimpant 'Super Dorothy' (*Rosa*), fleurs roses doubles, remontant : x 2**
3. **par le rosier ancien 'Semiplena' (*Rosa* × *alba*), fleurs blanches mi-doubles, non remontant : x 1**

Un porche ensoleillé

Pour offrir cet accueil chaleureux à vos visiteurs, vous n'aurez besoin que de peu de place. La proposition ci-contre convient aussi à une maison attenante à d'autres, à condition qu'elle possède un petit jardin à l'avant. Le rosier grimpant remontant 'Golden Showers' fleurit très tôt et sans discontinuer jusqu'en automne, tant et si bien que la façade se couvre d'un rideau d'or. Dès l'été, les alchémilles y associent leurs touffes jaunes nuageuses, ajoutant une touche de fraîcheur et de légèreté au tableau. Grâce aux hostas enfin, l'ensemble restera lumineux même par mauvais temps. Lorsque la saison des fleurs est passée, les deux vivaces que sont l'hosta et la lavande continuent de faire bonne figure du fait de leur feuillage décoratif. Les rosiers tiges jaunes 'Friesa', très remontants, donnent une touche de coquetterie à la composition. Le long de l'allée, ils forment une haie parfumée qui ajoute encore à la gaieté et à la chaleur de cette symphonie en jaune. C'est le violet foncé de la lavande 'Hidcote Blue' qui se charge de mettre des contrastes en place : le jaune n'en est que plus lumineux.

Ce dont vous avez besoin

1. **Rosier grimpant 'Golden Showers' (*Rosa*), fleurs jaunes doubles, remontant : x 2**
2. **Hosta (*Hosta sieboldiana* 'Frances Williams' (= 'Aureomarginata') feuilles panachées de jaune : x 4**
3. **Rosier tige 'Friesa' (*Rosa*), fleurs jaunes doubles, remontant : x 2**

4 **Alchémille jaune (*Alchemilla mollis*) : x 8**

5 **Lavande 'Hidcote Blue' (*Lavandula angustifolia*), violet foncé : x 8**

Comment planter

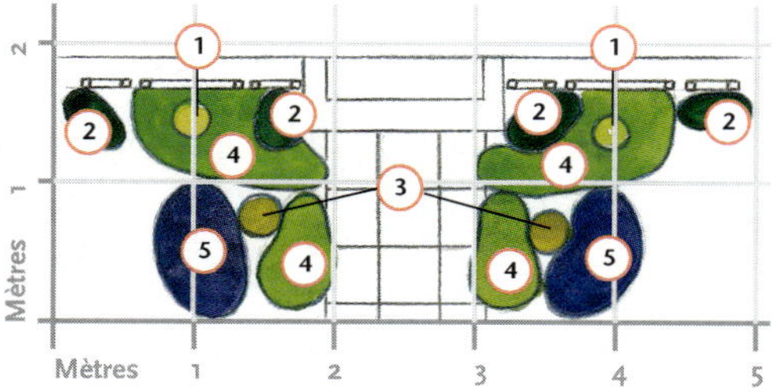

Plan de la composition p. 28 et 29

Cette proposition convient en particulier aux façades orientées sud-est ou sud-ouest. Sur les murs orientés sud, il fait souvent trop chaud en été. Cela favorise la contamination des **rosiers** par l'oïdium et les acariens, qui les rendent inesthétiques. Le rosier grimpant 'Golden Showers' s'en sortira même très bien à mi-ombre. Un emplacement que les **hostas** préfèrent pour leur part. La variété 'Aureomarginata' fait toutefois partie de celles qui supportent le mieux le soleil. C'est la raison pour laquelle elle est particulièrement bien adaptée à notre composition.
Le fusain rampant panaché (taché) de jaune représente une alternative tout aussi décorative. Il s'agit d'un ligneux gracile dont les pousses peuvent grimper en hauteur à condition de trouver où s'accrocher. Vous pouvez le planter au bas du treillage afin qu'il se mêle de manière décorative au feuillage sombre du rosier.
L'**alchémille** s'adapte à presque tous les emplacements. Seule la lavande, placée à l'avant, réclame le plus de soleil possible.

Attention aux distances

Les **rosiers grimpants** ont besoin de s'accrocher à un treillage en bois ou en métal qui devra être solidement ancré dans le mur de la maison. Prévoyez de le placer à 20 cm de la façade afin que l'air puisse circuler entre le mur et la plante : cela lui évitera d'être contaminé par l'oïdium et les autres maladies.
Plantez les rosiers grimpants légèrement en biais, inclinés vers le treillage, et de préférence en novembre, en même temps que les **rosiers tiges**. Les vivaces devront être plantées au printemps.

CONSEIL

Avec des fleurs jaunes à bulbes, votre composition fleurira plus tôt : crocus, narcisses et tulipes agrémenteront votre entrée de leurs notes dorées de mars à mai, juste avant la floraison des roses. Répartissez les bulbes des plantes hautes entre les vivaces et les crocus dans la pelouse.

Comment soigner vos plantes

Les rosiers

Durant les premières années, répartissez les tiges des **rosiers grimpants** de manière régulière sur le treillage. Vous palisserez dès le début quelques tiges du bas à l'horizontale de sorte que des fleurs apparaissent aussi au niveau du sol. Les trois premières années, nul n'est besoin de tailler. Plus tard, il faudra rabattre les tiges latérales à quelques yeux de leur base et retirer une vieille branche ça et là, afin de permettre au rosier de se régénérer. Sous les climats les plus rigoureux, il est conseillé de protéger la plante des dommages de l'hiver en la couvrant de branchages d'épicéa. On procédera de même avec les **rosiers tiges**, avec des branchages ou de la toile de lin. Au printemps, on taillera ce dernier rosier pour que ses tiges mesurent environ 20 cm. Si votre mur est protégé des précipitations par un avant-toit, n'oubliez pas d'arroser.

Les plantes d'accompagnement

Les **alchémilles** et les **hostas** font partie des vivaces qui réclament le moins de soins. Leurs grandes feuilles empêchent les mauvaises herbes de pousser. Chez l'**alchémille**, ôtez les feuilles mortes. Vous rabattrez complètement la plante après sa floraison : de nouvelles touffes très denses repousseront très vite. Les **hostas** ont tendance à être victimes des escargots. Vous veillerez à les chasser au plus vite.
Taillez la **lavande** au printemps pour qu'elle garde un port compact.

Le fusain rampant jaune souligne de sa présence le rosier anglais 'Graham Thomas' dans un harmonieux jeu de couleur.

Autres suggestions
Vous pouvez remplacer

1. **par le rosier grimpant 'Goldstern' (Rosa), remontant à fleurs doubles jaunes : x 2**
2. **par le fusain rampant jaune 'Emerald 'n' Gold' (*Euonymus fortunei*) : x 2**
5. **par la sauge bleue 'Mainacht' (*Salvia nemorosa*), bleu foncé : x 8**

Un pavillon parfumé

L'odorat est un sens qui fait appel aux parties les plus primitives de notre cerveau. Nos émotions y sont étroitement liées. C'est la raison pour laquelle les odeurs peuvent nous calmer et nous relaxer, mais aussi nous énerver, nous inspirer voire débrider notre imagination. Le charmant pavillon ci-contre avec ses merveilleux parfums constituera ainsi un havre idéal pour échapper au stress de la vie quotidienne.

Le légendaire parfum de la rose

Depuis des milliers d'années, la rose est **LA** fleur parfumée par excellence. L'ancienne variété 'Gloire de Dijon' au célèbre parfum de rosier thé fait encore honneur à sa réputation, comme le rosier anglais 'Evelyn', qui a d'ailleurs été associé à une marque de produits de beauté (Crabtree & Evelyn). Ces deux rosiers sont ici accompagnés par les notes fleuries de la lavande et de l'héliotrope du Pérou, et par les nuances plus relevées des feuilles de sauge – lesquelles ne diffusent leur délicieux arôme qu'au toucher.

Ce dont vous avez besoin

1. **Rosier grimpant 'Gloire de Dijon' (*Rosa*), fleurs très doubles abricot, jaune et crème, remontant : x 2**
2. **Rosier anglais (*Rosa*) buisson 'Apricot Parfait' (= 'Evelyn'), fleurs doubles abricot, remontant : x 1**
3. **Clématites (*Clematis viticella* – hybride) 'Étoile Violette', violet bleuté foncé : x 1**
4. **Achillée jaune (*Achillea filipendulina*), jaune or : x 5**
5. **Lavande (*Lavandula angustifolia*) : x 6**
6. **Héliotrope du Pérou (*Heliotropium arborescens*) : x 12**
7. **Sauge bleue (*Salvia nemorosa*) par ex. 'Mainacht', noir bleuté : x 4**
8. **Sauge officinale (*Salvia officinalis*) 'Tricolor', feuillage panaché de blanc et de pourpre : x 4**
9. **Lierre commun (*Hedera helix*) : x 3**

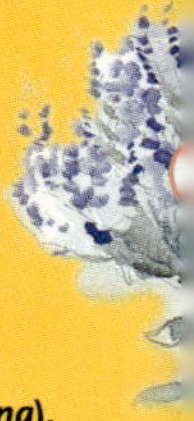

9
1
3
4
6
2
5
7
8
8

Comment planter

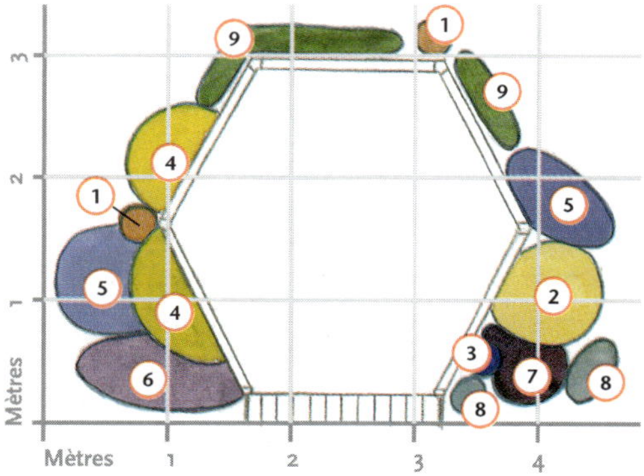

Plan de la composition p. 32 et 33

Les rosiers et les clématites n'ont de cesse de former de nouveaux boutons, comme la sauge, l'héliotrope ou l'achillée, tant et si bien que votre pavillon sera fleuri pendant toute une saison. Seule sa partie avant a besoin de beaucoup de soleil ; le mur arrière couvert de lierre se portera très bien à mi-ombre. Les **rosiers grimpants** que l'on y plantera iront chercher le soleil au niveau du toit.

Tous les ligneux (**clématites**, **lierre** et **rosier**) doivent être plantés en automne afin de bien s'enraciner avant les premières gelées.

Placez les rosiers grimpants en biais, à environ 20/30 cm du pavillon.

Les pieds à l'ombre

Les **clématites** aiment avoir les pieds à l'ombre et la tête au soleil. Plantez-les de telle sorte que leurs pieds se trouvent à terme à l'ombre du rosier buisson et des vivaces. Les premières années, si l'ombre n'est pas suffisante, couvrez le sol avec des branchages. Si les parois de votre pavillon sont en treillage, les clématites monteront seules vers le toit. En revanche, si elles sont lisses, il faudra leur fournir un support. Le **lierre** gravira seul les verticales grâce à ses racines crampons. Répartissez les vivaces autour des ligneuses, au printemps. L'**héliotrope du Pérou** se cultive chez nous comme une annuelle : il faut le replanter tous les ans.

CONSEIL

Les roses et les clématites forment un duo bien connu car elles fleurissent au même moment, ont des besoins semblables et affichent des couleurs qui s'harmonisent les unes avec les autres. Ainsi ce sont des clématites qui se marieront le mieux au ton abricot des roses de notre composition. Nous vous recommandons, outre 'Étoile Violette', 'Gipsy Queen', 'Marie Louise Jensen', 'Victoria' et 'General Sikorski'.

Comment soigner vos plantes

Ce délicieux pavillon entouré de roses aux senteurs enchanteresses semble tout juste sorti d'un conte de fée.

Les rosiers

Les fleurs très doubles des nostalgiques rosiers anciens seront accompagnées par celles des rosiers anglais. Ces derniers, aussi remontants que les rosiers modernes, devront, comme eux, être taillés d'un bon tiers au printemps, juste avant la remontée. Retirer les fleurs fanées au cours de l'été stimulera la formation de boutons encore plus nombreux. Les rosiers grimpants n'ont pas besoin d'entretien pendant leurs trois premières années. Répartissez-en bien les tiges sur le pavillon et attachez-les au treillage. Vous favoriserez aussi la floraison en retournant certaines tiges vers le bas de sorte qu'elles forment des arcs. Plus tard, vous pourrez tailler un peu les tiges latérales, tant que vous pourrez les atteindre.

Les plantes d'accompagnement

Les **clématites** ont besoin d'être chouchoutées pendant les deux premières années. Creusez un trou d'environ 30 cm de côté et de profondeur. Améliorez la terre avec du compost et une poignée de copeaux de corne. Puis installez la plante 8 à 10 cm sous le niveau de la terre et arrosez régulièrement au début. L'année suivante, au printemps, apportez-lui de l'engrais enrichi en azote. La variété 'Étoile Violette' doit être rabattue à 30 cm au-dessus du sol en novembre. En ce qui concerne la **sauge bleue**, rabattez complètement les plants après la floraison afin qu'elle refleurisse à la fin de l'été. On taillera la lavande au printemps. Chez l'**achillée jaune**, c'est la coupe des hampes fanées qui prolongera la floraison. Plantez l'**héliotrope** mi-mai, puis arrosez et amendez régulièrement.

Autres suggestions
Vous pouvez remplacer

(2) par le rosier buisson anglais 'Ambridge Rose' (Rosa), fleurs abricot très doubles, remontant : x 1

(4) par le lis d'un jour (*Hemerocallis* – hybrides) par ex. 'Winnie the Pooh', jaune abricot : x 6

Une pergola séduisante

Les roses rouges symbolisant traditionnellement l'amour, quel meilleur refuge pour un tête-à-tête intime pourrait-il y avoir que le délicieux recoin que nous vous proposons ? Le rosier grimpant 'Sympathie' vous protégera des regards indiscrets derrière un épais rideau de verdure et une pluie de roses rouge velours.
Leur parfum sauvage s'associera en outre à celui du romantique rosier 'Camille Pissarro', du lis et de l'héliotrope du Pérou pour charmer votre odorat en plus de votre vue.
De juin à août, toutes les plantes présentes fleuriront ensemble et adouciront de leur spectacle vos tièdes soirées d'été.
Les deux rosiers ainsi que l'herbe-aux-chats, qui fait le lien avec le jardin, porteront même leurs fleurs jusqu'au cœur de l'automne.
Des tons chauds et gais de rouge et de jaune colorent l'ensemble de la composition et se retrouvent tous de manière aléatoire sur les pétales des surprenantes roses 'Camille Pissarro'.

Ce dont vous avez besoin

1. **Rosier grimpant 'Sympathie' (*Rosa*), fleurs rouge sang doubles, remontant : x 2**
2. **Rosier buisson 'Camille Pissarro' (*Rosa*), fleurs marbrées de jaune, orange et rouge, très doubles, remontant : x 1**

3. Achillée mille-feuille (*Achillea millefolium* – hybride), jaune clair, par ex. 'Hoffnung' : x 3
4. Achillée mille-feuille (*Achillea millefolium* – hybride), rouge foncé, par ex. 'Sammetriese' : x 3
5. Herbe-aux-chats (*Nepeta x faassenii*) : x 4
6. Alchémille jaune (*Alchemilla mollis*) : x 1
7. Héliotrope du Pérou (*Heliotropium arborescens*) : x 2
8. Lis (*Lilium* – hybride), jaune, par ex. 'Golden Splendor' : x 1
9. Hosta (*Hosta sieboldiana* 'Frances Williams' (= *Aureomarginata*), feuillage panaché de jaune : x 2

Comment planter

L'installation d'une pergola sur une terrasse permet d'unir jardin et maison. Sous l'abri des feuilles, vous profiterez du grand air tout en étant protégé du soleil et des regards indiscrets. L'ensemble des plantes installées tout autour reliera intimement votre maison à votre jardin. Comme nous avons recours à des rosiers, il est nécessaire que la structure de votre pergola soit très solide. En effet, les rosiers vieillissent et leur bois s'alourdit au fil des ans.

Attention aux fautes de style

Veillez à ce que le matériau utilisé dans la construction de votre pergola corresponde au style et à l'architecture de votre maison. Les poutres en bois massif conviennent bien à la campagne, mais il existe aussi des pergolas en métal très sobres ou plus coquettes. Comme nous l'avons dit plus haut au sujet des rosiers grimpants sur treillages (voir page 30), il vaut mieux éviter l'orientation plein sud : l'accumulation en été de la chaleur sur le mur représente un réel danger pour les rosiers. Le mieux est de réaliser ce projet sur une façade orientée sud-ouest ou sud-est. Vous pourrez y admirer les couchers de soleil à l'ombre sans le moindre souci.

Si votre pergola est plus petite que celle proposée, réduisez le nombre de plants par espèce. Et si votre pergola est ouverte sur trois côtés, placez les plantes prévues à l'avant perpendiculairement à votre maison. Vous commencerez par monter votre structure en l'ancrant solidement dans le sol et le mur. En novembre, plantez les **rosiers**, rajoutez les **vivaces** au printemps. Il est aussi recommandé d'installer les plantes en pot au printemps.

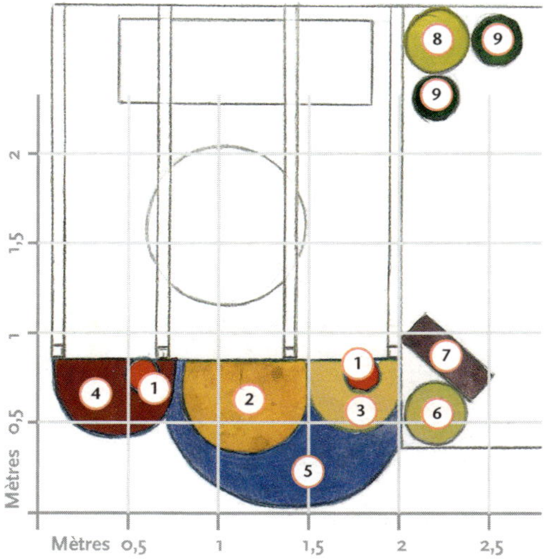

Plan de la composition p. 36 et 37

CONSEIL

Ne placez pas les achillées et l'herbe-aux-chats en ligne droite devant les rosiers ; faites en sorte que les bords du massif forment des courbes. Cela fera plus naturel.

Comment soigner vos plantes

Le luxuriant rosier 'Super Excelsa' avec ses denses bouquets de fleurs grimpera lui aussi très bien sur une pergola.

Les rosiers

Le **rosier grimpant** 'Sympathie' fait partie des rosiers qui croissent le plus vite. Il forme des tiges puissantes qui peuvent atteindre 4 mètres de long et couvrent très rapidement de vert la moindre pergola. Alors nul n'est besoin de le déranger dans son développement pendant les premières années. Contentez-vous, au début, d'attacher quelques tiges au treillage en décrivant un éventail, afin que les « murs » de végétation puissent être opaques. Vous constaterez qu'au moins une tige par rosier s'élève à l'assaut du toit. Plus tard, au printemps, vous pourrez couper quelques tiges trop âgées et tailler les tiges latérales à quelques yeux de leur base afin de stimuler la floraison. Si votre mur de verdure ne vous paraît pas assez épais, rabattez vos rosiers de manière plus drastique (dénudant malheureusement ce faisant votre pergola) : cela provoquera une remontée vigoureuse. Toutefois, il faut savoir que plus l'arbuste se renforce et moins il produit de fleurs. Le **rosier buisson** remontant 'Camille Pissarro' doit être taillé d'un tiers juste avant la remontée. En hiver, buttez tous vos rosiers. Protégez les tiges les plus exposées aux rigueurs du soleil hivernal avec une couche de branchages d'épicéa.

Les plantes d'accompagnement

Coupez les tiges séchées de l'**achillée** avant sa reprise. Taillez votre **herbe-aux-chats** à mi-hauteur juste après sa floraison. Quant à l'**héliotrope du Pérou**, il vous faudra en racheter tous les ans, juste après les saints de glace, en mai. Les autres plantes en pots sont des vivaces qui résistent à l'hiver et resurgissent chaque année. Toutefois, il faut protéger les pots du gel. Mettez-les à l'abri ou enveloppez-les dans une épaisse couche de feuilles mortes.

Un îlot de fleurs d'été

Ce petit îlot fleuri va à l'encontre d'un préjugé courant qui voudrait que les roses et les fleurs annuelles d'été n'aillent pas ensemble. Au contraire, l'harmonieux tapis des fleurs de saison ne fait qu'augmenter le charme pittoresque du rosier 'The Fairy'. Rose, violet, bleu ciel et blanc, autant de couleurs parfaitement assorties pour souligner la ligne baroque du rosier tige. L'étagement des plantes et le faux désordre de la composition garantissent une belle harmonie de couleurs, quel que soit le point de vue.

Adaptable à tous les lieux

Cette proposition, qui ne demande que peu d'espace, s'adaptera partout : à l'avant d'une maison, au milieu d'une pelouse ou dans un coin de jardin. Comme les annuelles doivent être replantées tous les ans, elles constituent une solution idéale : si votre composition ne vous plaît pas trop, l'année suivante, il vous suffira de la modifier.

Ce dont vous avez besoin

1. **Rosier tige 'The Fairy' (*Rosa*), fleurs doubles rose clair, remontant : x 1**
2. **Nigelle de Damas (*Nigela damascena*) bleu ciel, par ex. 'Miss Jekyll' : x 20**
3. **Lavatère à grandes fleurs (*Lavatera trimestris*) : x 14**
4. **Lobélie (*Lobelia erinus*) 'Schneeball', blanc : x 20**
5. **Héliotrope du Pérou (*Heliotropium arborescens*) 'Mini Marine', violet : x 12**

1
3
3
2
5
4

Comment planter

Ce massif fleurit du mois de mai à la fin de l'automne sans interruption. Pour ce faire, il a besoin d'un emplacement ensoleillé et d'un sol riche et humifère. Le **rosier tige** doit être installé en novembre. Plantez en même temps un pieu pour le soutenir jusqu'à ce qu'il ait bien pris racine. Ce tuteur doit atteindre après plantation le point de greffe de l'arbuste. Vous y attacherez le rosier de manière assez lâche avec un nœud en huit. Protégez la cime du soleil hivernal avec des branchages d'épicéa ou de la toile de lin.

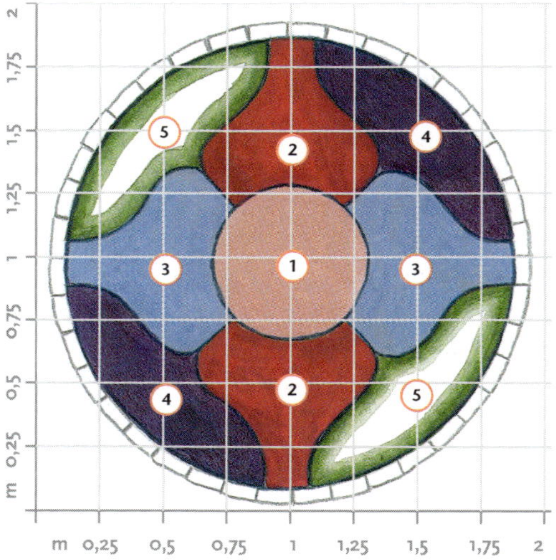

Plan de la composition p. 40 et 41

Semis direct dans le massif

Au printemps, décompactez la terre et retirez les mauvaises herbes. **Lavatères** et **nigelles** peuvent être semées en avril directement sur le sol du massif. Vous trouverez les sachets de graines dans n'importe quelle jardinerie. Lisser et mouillez le terrain, puis répartissez les graines de manière régulière en les enfonçant légèrement dans le sol. Veillez à arroser régulièrement jusqu'à la germination. Ensuite, repiquez les jeunes plants en les espaçant d'environ 15 cm pour les nigelles et 50 cm pour les lavatères.

Vous trouverez les **lobélies** et les **héliotropes du Pérou** parmi les fleurs classiques de balcon vendues en assortiments dans les jardineries. Prenez de préférence de jeunes plants bien formés et mettez-les en terre après les saints de glace, à la mi-mai.

CONSEIL

Les lavatères existent aussi en blanc et en rose, de même que les nigelles. Les lobélies sont aussi très jolies en bleu ou en rose. Vous pouvez donc jouer avec les variétés et l'étagement des plantes tout en restant dans les mêmes gammes de couleurs.

Comment soigner vos plantes

Les rosiers

'The Fairy' est une variété de rosier extrêmement facile d'entretien et très remontante. Elle ne vous causera aucun souci. Fin mars, découvrez-en la cime, puis taillez ses tiges pour qu'elles ne mesurent plus que 15 à 20 cm. Un peu de compost ou d'engrais spécial rosier lui fera du bien. Elle fleurira très longtemps (jusqu'en octobre) formant de jolis bouquets de petites rosettes, et ce même si vous n'en ôtez pas les fleurs fanées. Toutefois, comme ce rosier tige joue le rôle principal dans votre massif décoratif, le nettoyer un peu de temps en temps ne peut qu'accroître la beauté de l'ensemble.

Les plantes d'accompagnement

Les annuelles, qui fleurissent en été, doivent être ressemées ou replantées tous les ans. Il n'est donc pas question d'entretien en hiver. Tout au long de leur courte vie, vous veillerez simplement à les arroser régulièrement et en quantité suffisante, ainsi qu'à leur apporter de temps en temps de l'engrais liquide.

Ôtez les fleurs brunies de l'**héliotrope**. **Lavatères** et **lobélies** se nettoieront seules dans l'ensemble. Pour ce qui est des **nigelles**, il est conseillé de laisser les plantes développer leurs délicates capsules. Ces dernières sont du meilleur effet dans les bouquets de fleurs séchées.

Cette magnifique alysse constituerait une bonne alternative à la lobélie blanche de notre composition.

Toutes les espèces choisies ici fleurissent de manière presque ininterrompue jusqu'en octobre. Après les premières gelées, enlevez les plants morts.

Autres suggestions
Vous pouvez remplacer

1. **par le rosier tige (*Rosa*) 'Bonica '82'', fleurs doubles roses et remontant, ou 'Swany', 'Schneeflocke' et 'Alba Meidiland' à fleurs doubles blanches et remontants : x 1**

4. **par l'alysse odorante (*Lobularia maritima*), blanc, parfumé : x 20**

Des rosiers au balcon ou La reine des fleurs en pot

Ceux qui croient que seuls les propriétaires de jardin peuvent s'offrir des roses se trompent. D'abord, il existe toute une série d'espèces de faible croissance qui se portent très bien en pot. Et ensuite, si vous disposez d'un récipient suffisamment grand et que vous êtes prêt à l'entretenir, la reine des fleurs, quelle qu'elle soit, ne rechignera pas à venir orner vos bacs. Le balcon ci-contre est encadré de rosiers grimpants remontants jaunes et blancs. Les clématites bleues, leurs partenaires classiques, se chargent de créer des contrastes. Un rosier tige jaune, de la lavande, de la sauge panachée de jaune et des lobélies bleues en balconnière reprennent tout au long de l'été ce lumineux jeu chromatique. Sur la gauche, on est saisi par la blancheur resplendissante du rosier 'Ilse Krohn Superior', soulignée par le feuillage panaché de blanc du lierre et de l'hosta 'Univittata'. Des tons roses romantiques viennent s'accorder avec, achevant ce décor merveilleusement frais et lumineux qui constitue une véritable invitation au rêve.

Ce dont vous avez besoin

1. **Rosier grimpant 'Golden Showers' (*Rosa*), fleurs doubles jaunes, remontant : x 1**
2. **Clématites 'Étoile Violette' (*Clematis viticella* – hybride), bleu violacé foncé : x 1**
3. **Hosta 'Frances Williams' (= 'Aureomarginata') (*Hosta sieboldiana*), feuillage panaché de jaune : x 1**
4. **Alchémille jaune (*Alchemilla mollis*) : x 2**
5. **Sauge officinale 'Variegata' (*Salvia officinalis*), panachée de jaune : x 5**
6. **Lobélie bleue (*Lobelia erinus*), par ex 'Kristallpalast' : x 7**
7. **Rosier 'Friesa' (*Rosa*), fleurs doubles jaunes, remontant : x 1**
8. **Lavande (*Lavandula angustifolia*) par ex. 'Hidcote Blue', bleu foncé : x 5**
9. **Buis en spirale (*Buxus sempervirens*) par ex. 'Arborescens' ou 'Suffruticosa', feuillage persistant : x 1**
10. **Lobélie 'Schneeball' (*Lobelia erinus*), blanc : x 7**
11. **Lierre commun (*Hedera helix*) par ex. 'Glacier', 'Lee Silver', feuillage persistant, panaché de blanc : x 5**
12. **Sauge pourpre (*Salvia officinalis*) 'Purpurascens', feuillage panaché de violet : x 2**
13. **Héliotrope du Pérou (*Heliotropium arborescens*), violet : x 4**
14. **Valériane rouge (*Centranthus ruber*) : x 1**

15 **Lavatère à grandes fleurs (*Lavatera trimestris*) : x 2**

16 **Rosier à massif 'The Fairy' (*Rosa*), fleurs doubles rose clair, remontant : x 1**

17 **Lis (*Lilium* - hybride) par ex. 'Pink Perfection', rose = x 1**

18 **Rosier grimpant 'Ilse Krohn Superior' (*Rosa*), fleurs doubles blanches, remontant : x 1**

19 **Hosta 'Univittata' (*Hosta undulata*), panaché de blanc : x 1**

Comment planter

Il faudra pourvoir la façade de votre maison d'un treillage pour les **rosiers grimpants**. Veillez à maintenir un espace de 20 cm celui-ci et le mur. Sur un côté de la balustrade, vous installerez un deuxième treillage décoratif sur lequel le rosier 'Golden Showers' et la **clématite** pourront tisser le délicat rideau fleuri qui va vous protéger des regards. Dans le coin, c'est le **rosier tige** 'Friesa' qui fait écran, tout en agrémentant l'atmosphère de ses accents parfumés, comme la **lavande**, le **lis**, l'**héliotrope du Pérou** et la **sauge**. Le feuillage persistant du **buis** constitue un point de respiration dans la composition.
Sur la droite, une étagère en coin permet de gagner de la place et d'offrir de manière agréable toute une harmonie de tons roses, violets et blancs. Quant à la partie située près de la porte, à mi-ombre, elle est illuminée par le feuillage panaché et clair des **hostas** et les **alchémilles**.

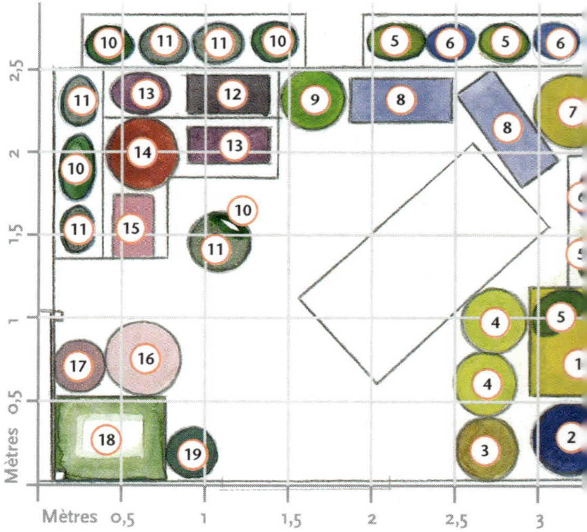

Plan de la composition p. 44 et 45

Bien choisir ses pots

Les **rosiers** possèdent des racines profondes. Il faut en tenir compte lors du choix des pots, tout au moins pour les espèces dont la croissance est la plus forte. Optez donc pour de hauts récipients. Il est aussi important de choisir des matériaux qui résistent au gel (bois, terre cuite, plastique). En effet, les rosiers grimpants, dont les tiges sont enlacées au treillage, passeront l'hiver dehors.
Naturellement, vous pouvez jouer avec la couleur, la forme ou le style de vos pots. Toutes les plantes de cette composition (rosiers y compris) doivent être plantées au printemps (mars).
Les **lavatères à grandes fleurs** peuvent être semées en pot. Ces annuelles étant sensibles au froid, vous ne les planterez qu'après les saints de glace, avec le **lierre** et la **sauge**. Placez les **hostas** dans des récipients suffisamment grands car ils peuvent devenir très imposants.

Comment soigner vos plantes

Les rosiers se portent bien en pots à condition d'utiliser les récipients adéquats et de bien les soigner.

Les rosiers

Grâce à leurs profondes racines, les **rosiers** sont capables de résister à des périodes de sécheresse lorsqu'ils sont plantés en pleine terre, car ils peuvent s'approvisionner en eau dans des couches plus profondes du sol, inaccessibles aux autres plantes. En pot, ils n'ont malheureusement pas cette possibilité. Aussi est-il vital de les arroser régulièrement. D'un autre côté, la terre des pots ne doit jamais être trop humide : les rosiers y sont très sensibles. Veillez donc à ce que vos pots soient dotés de trous d'évacuation ! Le mieux est de placer les récipients sur deux liteaux de sorte que l'eau superflue soit rapidement évacuée. De la même manière, la quantité de substances nutritives dans un pot est limitée : un amendement régulier – si possible avec un engrais minéral – est donc absolument nécessaire pendant toute la saison. En ce qui concerne la taille et la protection hivernale, ce sont les mêmes règles qu'au jardin qui valent. Et bien que les rosiers soient – chez nous – des ligneux résistants à l'hiver, il vaut mieux protéger la terre de leurs pots du gel, sinon les plants risquent de se dessécher parce qu'ils n'auront plus d'eau à absorber. En hiver, on recommande ainsi d'installer les pots sur du polystyrène et de les envelopper dans une couche isolante de feuilles mortes, de toile de lin, de plastique à bulles, etc. Lorsqu'il ne gèle pas, vous pouvez arroser un peu à l'occasion.

Les plantes d'accompagnement

Là encore, la culture en pot impose un peu plus d'entretien : un apport régulier d'engrais et un arrosage quotidien en été sont inévitables. Le **buis** et le **lierre** passeront l'hiver le nez à l'air mais les pieds protégés du gel. Les vivaces qui auront perdu leur feuillage pourront hiverner dans une cave ou un garage frais tant qu'il n'y gèle pas.

Des rosiers de tempérament dans l'automne flamboyant

Ce dont vous avez besoin

1. **Rosier anglais 'The Squire' (*Rosa*), fleurs doubles carmin ou bordeaux foncé, remontant : x 1**
2. **Rosier anglais 'L.D. Braithwaite' (*Rosa*), fleurs doubles rouge carmin lumineux, remontant : x 1**
3. **Clématites (*Clematis* – hybride) 'Niobe', rouge velours très sombre : x 2**
4. **Rose trémière (*Alcea rosea*) 'Nigra', rouge velours tirant vers le noir : x 3**
5. **Dahlia 'Bishop of Llandaff' (*Dahlia*), fleurs rouge clair à cœur sombre, feuillage vert foncé à brique : x 3**
6. **Dahlia 'Arabian Night' (*Dahlia*), rouge tirant vers le noir : x 1**
7. **Dahlia 'Schloss Reinbek' (*Dahlia*), orange et rouge foncé : x 2**
8. **Panic érigé (*Panicum virgatum*) 'Rehbraun', couleur d'automne, cuivré, plante haute : x 4**
9. **Panic érigé (*Panicum virgatum*) 'Haense Herms', couleur d'automne, brique, plante basse : x 1**
10. **Œil du Christ (*Aster amellus*), violet foncé, par ex. 'Veilchenkönigin' : x 7**
11. **Impérata cylindrique (*Imperata cylindrica*) 'Red Baron', feuillage rouge lumineux pendant toute la saison : x 4**
12. **Sauge officinale pourpre (*Salvia officinalis*) 'Purpurascens', feuillage taché de violet et de pourpre : x 7**

Voici une composition qui ne conviendra pas aux timides, car elle déborde de tempérament et respire l'ardeur ! Il faut un instinct sans faille pour jouer avec le rouge en couleur dominante : ses multiples nuances s'associent au fur et à mesure de la saison pour atteindre leur paroxysme en automne.
Dès le début de l'été, sans discontinuer, les deux rosiers anglais fleurissent et rougeoient avec véhémence, au côté de l'impérata cylindrique qui n'a de cesse de flamboyer, des pétales rouge sombre de la secrète rose trémière et des clématites de velours.
Mais ce n'est qu'en août, lorsque les rouges des dahlias explosent, que les asters ouvrent leurs noirs pétales violacés et que jaillissent les tiges cuivrées du panic érigé, que ce massif vous offrira toute sa richesse chromatique : un véritable hymne à l'automne.

3
3
3
4
5
1
6
2
8
8
9
7
10
10
11
11
11
12
11

Comment planter

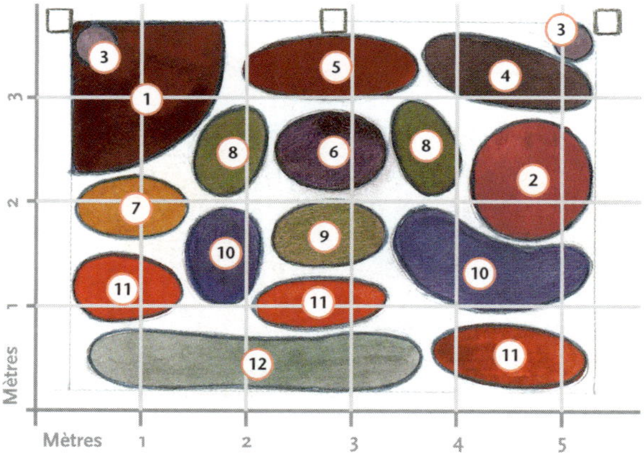

Plan de la composition p. 48 et 49

Ce massif a besoin d'un emplacement ensoleillé et d'un sol riche pour se développer dans toute sa splendeur. L'étroite pergola installée pour les clématites constitue un cadre qui confère une unité certaine à la composition. Cette dernière conviendrait parfaitement devant une terrasse, mais si vous la trouvez trop agressive au regard, vous pouvez tout à fait l'installer le long d'une clôture ou dans un coin de votre jardin.

On ne plante pas tout au même moment

Commencez par bien ancrer votre pergola dans le sol. Puis installez les **clématites**, à 30, voire 50 cm de distance des autres plantes, mais de telle sorte que leurs pieds soient plus tard à l'ombre du feuillage de ces dernières. Les tiges des clématites s'accrocheront seules à la structure posée, face au soleil. Inutile de les attacher.
Les **roses trémières** doivent être plantées au début de l'automne (voir page 14), les **rosiers** et les **clématites** à la fin. Pour les **asters** et les **herbes**, le mieux, c'est de les mettre en terre au printemps. Quant aux bulbes de **dahlia**, enterrez-les fin avril, la naissance des racines vers le bas, à 5 cm de profondeur. Comme toutes les bulbeuses et rhizomateuses, ces fleurs ont besoin d'un sol bien drainé. Trop d'humidité risquerait d'entraîner leur pourrissement.
Si votre sol est lourd, placez des graviers ou du sable grossier au fond du trou de plantation afin de faciliter le drainage.

CONSEIL

Si vous disposez de plus d'espace, ajoutez à votre composition des rosiers pourpres ou rouge velours, tels 'The Prince' (60-80 cm) ou le rosier ancien 'Tuscany' (130-150 cm). Ce dernier sera absent du tableau en automne, car il ne fleurit qu'une fois au début de l'été.

Comment soigner vos plantes

Les rosiers

On dit du rosier 'The Squire' qu'aucun **rosier anglais** n'a de fleurs aussi parfaites que les siennes. Cela vaudra donc la peine d'en mettre quelques-unes dans un vase de temps en temps. La beauté de ces fleurs se paie malheureusement par un port un peu fragile. Comme le rosier est placé à l'arrière du massif, cela n'a toutefois pas grande importance. Laissez-le croître sans intervenir. Si vous n'aimez pas sa silhouette, vous pouvez toujours le rabattre tous les deux ans, à la fin de l'hiver, afin de reformer un nouveau buisson. Le rosier 'L.D. Braithwaite', plus petit, affiche, lui, de splendides fleurs rouge carmin et un joli port. On le taille d'un tiers juste avant la remontée.

Les plantes d'accompagnement

Les **roses trémières** doivent être arrosées en abondance en été et amendées de temps en temps. Les **asters**, les **herbes** et la **sauge pourpre** ne réclament que peu d'engrais. Taillez les asters après leur floraison, et les herbes au printemps.

L'**impérata cylindrique** est très sensible au gel. Il n'y a que dans les régions viticoles aux hivers doux qu'il survit, sous un climat plus rigoureux, cette plante a besoin d'être protégée. Couvrez-la d'une épaisse couche de branchages, de feuilles mortes ou de paille que vous empêcherez de s'éparpiller grâce à de la toile de lin. Par ailleurs, vous ôterez les fleurs fanées des **dahlias** pendant leur floraison. Après les premières gelées, taillez les restes des plants une largeur de main au-dessus du sol, retirez les bulbes de la terre et faites-les passer l'hiver dans une cave aérée à environ 4 °C.

L'heuchère, plante pleine de tempérament au feuillage pourpre, préfère l'ombre partielle.

Autres suggestions
Vous pouvez remplacer

(12) **par l'heuchère pourpre (*Heuchera micrantha*) 'Palace Purple', feuillage rouge : x 5**

Ou par le bugle rampant (*Ajuga reptans*) 'Atropurpurea', feuillage rouge : x 7

Un élégant jardin de roses en blanc

Calme et fraîcheur, sont les premiers mots qui viennent à l'esprit à la vue de ce massif. Aucune combinaison chromatique n'atteint l'élégance du blanc sur un fond de verdure foncée. Le banc que nous y avons installé est une véritable invitation à la relaxation : vous pourrez y respirer calmement et vous libérer de tout stress. Mais cette composition n'est pas seulement idéale pour les travailleurs fatigués, elle a aussi l'avantage d'être belle en soirée et même de loin, grâce à la luminosité du blanc qui n'a de cesse de vibrer.

Diversité des fleurs et des feuilles

Pour rompre la monotonie chromatique, nous avons fait appel à toute une variété de formes de fleurs et de feuilles : les pétales ronds du rosier ancien côtoient ainsi les épis des pieds-d'alouette dressés vers le ciel ; les longues feuilles des herbes s'insèrent entre les larges feuilles en forme de cœur des hostas. Et puis, le blanc se présente sous différentes nuances : immaculé, crème, légèrement verdâtre, jaunâtre ou rosé. Enfin, les vivaces aux feuilles argentées se chargent d'apporter une petite touche de gris au tableau.

Ce dont vous avez besoin

1. **Rosier ancien 'Maxima' = Jacobite Rose (*Rosa* x *alba*), fleurs doubles crème, non remontant : x 1**
2. **Clématite (*Clematis* – hybride), blanc, par ex. 'John Huxtable' ou 'Snow Queen' : x 1**
3. **Digitale (*Digitalis purpurea*) 'Alba', blanc : x 5**
4. **Hosta 'Univittata' (*Hosta undulata*), feuillage panaché de blanc : x 3**
5. **Campanule à feuilles de pêcher (*Campanula persicifolia*) 'Grandiflora Alba', blanc : x 6**
6. ***Geranium sanguineum* 'Alba', blanc : x 7**
7. **Laîche (*Carex morowii*) 'Variegata', feuilles bordées de blanc persistantes : x 6**
8. **Lierre commun (*Hedera helix*), feuillage persistant panaché de blanc, par ex. 'Glacier' ou 'Lee Silver' : x 7**
9. **Rosier ancien 'Léda' (*Rosa* x *damascena*), fleurs doubles blanches aux bordures tachetées de carmin, remontant : x 1**

10 Pied-d'alouette (*Delphinium* – hybrides), blanc, plante haute, par ex. 'Galahad' : x 6

11 Coquelourde des jardins (*Lychnis coronaria*) 'Alba', blanc : x 2

12 Valériane 'Albiflorus' (*Centranthus ruber*), blanc : x 3

13 Rosier de massif 'La Paloma '85' (*Rosa*), fleurs doubles blanches, remontant : x 3

14 Lis de la Madone (*Lilium candidum*) : x 2

15 Achillée mille-feuille (*Achillea millefolium* – hybrides), blanc, par ex. 'Schneetaler' : x 4

16 Avoine à chapelets (*Arrhenaterum elatius* var. *bulbosum*) 'Variegatum', feuillage panaché de blanc : x 3

17 Bétoine (*Stachys Byzantina*) : x 7

18 Fétuque (*Festuca cinerea*) : x 3

19 Troène de Californie (*Ligustrum ovalifolium*), feuillage persistant : x 30

Comment planter

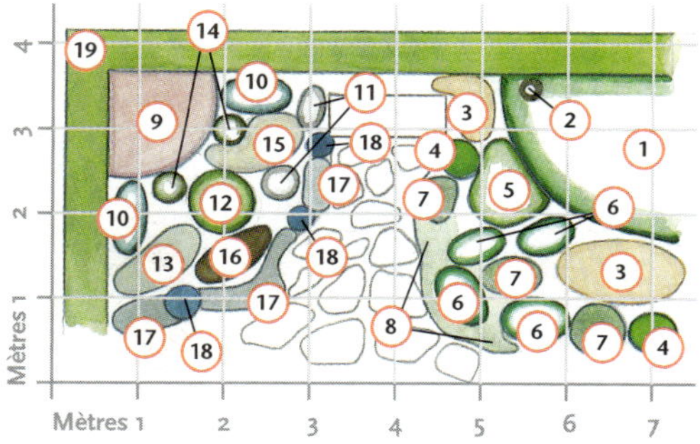

Plan de la composition p. 52 et 53

Dans notre proposition, il faut que la partie droite du massif se trouve plusieurs heures par jour à l'ombre du grand rosier buisson 'Maxima' car on y a planté les vivaces qui croissent à mi-ombre. Le côté gauche du massif, lui, se trouve en plein soleil. Selon les conditions de lumière de votre jardin, vous pouvez aussi planter sur un côté du chemin puis reproduire la même chose de l'autre côté.

Cette composition sera la plus belle en juin/juillet, lorsque les deux rosiers buissons non remontants ouvrent enfin leurs fleurs odorantes et que fleurissent aussi toutes les vivaces qui les entourent. Après cette période, les nombreuses plantes vertes d'ornement, les clématites, les pieds-d'alouette, les achillées et les valérianes, qui fleurissent toutes longtemps, continuent de garantir une vue agréable et variée.

Un décor sombre

La haute haie de **troènes** à l'arrière-plan permet de faire ressortir le blanc dans tout son éclat. Peut-être votre jardin en possède-t-il déjà une ? Sinon, plantez-la en premier, en automne (voir p. 18). Enterrez les bulbes des **lis** dès le mois d'août, à environ 3 cm de profondeur et indiquez leur présence à l'aide de petits bâtons. Si votre sol est très argileux, nous vous recommandons de mélanger des graviers ou du sable à la terre pour éviter aux bulbes de pourrir.

La **digitale** doit être plantée en septembre, mais on peut aussi la semer au printemps (voir p. 22). En automne, installez vos **rosiers**, vos **clématites** et votre **lierre**. Au printemps suivant, vous planterez les **vivaces** et les **herbes**. Si votre sol est riche, vous devrez en appauvrir la terre avec du sable dans les trous de plantation des bétoines et fétuques.

CONSEIL

Si vous souhaitez animer les joints entre les pavés du chemin, sans pour autant rompre l'harmonie chromatique, vous pouvez insérer quelques plants du thym serpolet 'Albus' (*Thymus serpyllum*) dans les fentes : ses fleurs sont blanches.

Comment soigner vos plantes

Les rosiers

Au printemps, amendez tous vos **rosiers**, si possible avec du compost, pour bien démarrer la saison. Les deux rosiers anciens n'ont pas besoin de beaucoup d'entretien. Coupez-en les branches mortes et taillez tous les deux ans les branches trop âgées afin que le buisson se régénère. À part cela, vous pouvez vous contenter d'apprécier leur parfum. Pour ce qui est des rosiers à massif, rabattez-les à 20-30 cm du sol au printemps et ôtez-en les fleurs fanées pendant la floraison. En hiver, buttez tous vos rosiers.

Les plantes d'accompagnement

Une fois par an, à la fin de l'hiver, il vous faudra tailler votre **haie de troènes** afin qu'elle reste bien dense. La **clématite** 'John Huxtable' doit être rabattue en novembre ou en février jusqu'à 30 cm au-dessus du sol. La **digitale** dure en général deux ans. Si vous la rabattez après sa floraison, cela peut prolonger sa longévité. Retirez-en les hampes de clochettes fanées pour l'empêcher de se ressemer partout. Ses feuilles, comme celles des hostas, attirent les escargots. Lorsque le temps est humide, pensez à les ramasser plus souvent.

Les **pieds-d'alouette** refleurissent en automne, si vous les rabattez au sol après leur floraison en juin et juillet. En revanche, vous laisserez le **lis de la Madone** faire des réserves (voir p. 15). Les touffes des herbes doivent être nettoyées au printemps avant la remontée.

Si toutes les fleurs sont blanches, elles se différencient par leurs formes : ici les roses contrastent avec les hampes des digitales.

Autres suggestions
Vous pouvez remplacer

2 **par le rosier ancien 'Mme Hardy' (*Rosa*), fleurs blanches à œil vert, très doubles et parfumées, non remontant : x 1**

13 **par la pivoine de Chine (*Paeonia lactiflora*) 'Baronesse Schröder', blanc, 80 cm : x 2**

par le rosier miniature 'White Gem' ou 'Schneeflocke' (*Rosa*), tous deux à fleurs doubles blanches et remontants : x 3

Petit guide pratique

Vos achats

La majeure partie des rosiers proposés dans cet ouvrage sont des variétés courantes résistantes et éprouvées qui satisferont les jardiniers, même débutants. Vous les trouverez dans les grandes jardineries ou chez les bons pépiniéristes. Les rosiers plus originaux sont vendus par correspondance par des rosiéristes.

Les rosiers sont vendus soit **racines nues** soit en **conteneur**, c'est-à-dire avec une motte de terre. Les commerçants différencient **deux qualités** différentes : les plants présentant des racines bien ramifiées et trois grosses tiges, et les plants ne présentant que deux tiges. Dans les deux cas, les tiges doivent être vertes, lisses et souples, et les racines doivent être fraîches.

On peut acheter les rosiers racines nues ou en conteneur

Où planter ?

Bien choisir son emplacement est souvent la clé du succès en matière de rosiers.

Ces plantes veulent pousser au soleil, à l'abri du vent, mais dans un endroit bien aéré tout de même. Une forte chaleur stagnante accroît le risque de maladie et d'invasion de nuisibles. D'un autre côté, les roses détestent être fouettées par le vent. Enfin, selon les variétés, elles tolèrent plus ou moins l'ombre partielle, le gel ou un sol inadapté. Demandez conseil à un spécialiste et optez pour le rosier le mieux adapté à votre emplacement. L'idéal, c'est un sol humifère, léger et riche avec un pH situé entre 6 et 7. Il doit aussi être profond, car les rosiers ont de profondes racines. Juste avant la plantation, vous veillerez donc à préparer votre terrain en conséquence.

La plantation

La meilleure période pour planter les rosiers en racines nues va de mi-octobre aux premières gelées en novembre. Au-delà de cette date, vous pouvez encore les planter en mars. Pour ce qui est des plants en pots, il est possible de les installer à n'importe quel moment, tant que le sol n'est pas gelé. Creusez un trou de 40 cm de côté et de profondeur. Vous mélangerez la terre de déblaiement au tiers, voire à moitié avec du compost bien mûr.

① Avant de les planter, humidifiez bien les rosiers.
② Taillez racines et tiges.
③ Plantez de telle sorte que le point de greffe se trouve à 5 cm sous terre.
④ Comblez avec de la terre et arrosez abondamment.

Cela permet une meilleure irrigation du sol et l'enrichit. Dans les sol sableux, augmentez encore la dose de compost et ajoutez de la poudre de roche. Les sols très argileux lourds et compacts peuvent être allégés avec du sable. Plongez les racines nues des rosiers plusieurs heures dans de l'eau avant de les planter. Taillez-en les tiges pour qu'elles ne mesurent plus de 20 à 30 cm et coupez les racines abîmées. Installez ensuite le rosier dans le trou, de telle sorte que le point de greffe (le renflement au-dessus des racines) se trouve 5 cm sous la surface du sol. Versez votre mélange de terre dans le trou et tassez un peu avec le pied. Formez une cuvette tout autour du rosier, puis arrosez en abondance avec un gros débit d'eau.

Les **rosiers grimpants** seront plantés suivant la même méthode, à cela près qu'il faut les incliner légèrement vers leur support qui doit se trouver à environ 20 cm.
Chez les **rosiers tiges**, le point de greffe ne se trouve pas au niveau des racines, mais en haut du tronc. Il convient donc de les planter à la même profondeur que chez le pépiniériste. Vous la repérerez facilement à la différence de couleur du bois.

Il doit y avoir environ 20 à 30 cm de distance entre la façade et le treillage.

Petit guide pratique

L'arrosage

Les premières semaines qui suivent la plantation, arrosez régulièrement afin que la plante forme suffisamment de nouvelles racines. Ensuite vous pourrez oublier votre arrosoir : les rosiers supportent bien la sécheresse car leurs racines vont chercher l'eau en profondeur, dans des couches du sol inaccessibles aux autres plantes. Ce n'est que pendant les longues périodes de sécheresse estivale qu'il vous faudra arroser en suivant la règle d'or suivante : un arrosage rare, mais abondant. Le mieux est de tirer le tuyau d'arrosage jusqu'au pied du rosier et de verser 40 à 50 l d'eau au m^2. N'arrosez jamais en pluie sur les feuilles, cela favorise les maladies cryptogamiques !

Un apport de copeaux de corne au printemps fournit de l'azote au rosier.

L'amendement

Grâce à l'apport de compost dans la terre de plantation, vos rosiers n'auront pas besoin d'engrais pendant la première année. Les années suivantes, au printemps, juste avant la remontée, vous les aiderez toutefois à reprendre, de préférence avec du compost. Vous pouvez aussi avoir recours à de l'engrais spécial rosier ou de l'engrais universel. Si votre sol est pauvre, amendez légèrement une deuxième fois en juin. Après le mois de juillet, il faut éviter tout engrais contenant de l'azote, cela fragiliserait la plante pour l'hiver.

Au printemps, avant leur reprise, les rosiers à massif doivent être rabattus à environ 20 cm au-dessus du sol.

La taille

Réjouissez-vous : les rosiers n'ont pas besoin d'être taillés ! Toutefois, la taille est un moyen d'obtenir plus de fleurs et une meilleure croissance. Les rosiers qui réclament le plus d'être taillés régulièrement sont les **rosiers à massif** ; en même temps ce sont les plus simples à tailler. Au printemps, juste avant la remontée, coupez toutes les tiges à mi-hauteur, voire aux deux tiers, jusqu'à ce qu'elles ne mesurent plus que 20 à 30 cm de haut.

Couper les fleurs fanées stimule la formation de nouveaux boutons.

Les **rosiers buissons** peuvent être remontants ou non remontants : les rosiers remontants développent des boutons sur leurs tiges fraîches (de l'année). Il est donc important qu'ils en possèdent le plus possible. Pour ce faire, il suffit, comme pour les rosiers à massif, d'effectuer un rabattage régulier au printemps. Toutefois, les rosiers buissons ne peuvent être raccourcis que d'un tiers de leur taille. Chez les rosiers non remontants, en revanche, ce sont uniquement les branches âgées de deux ans (de l'année précédente) qui portent des fleurs. Les tailler au printemps reviendrait à supprimer leur floraison. C'est pourquoi on se limite à en ôter les tiges mortes juste avant la remontée. Le rosier évoluera tout seul. Tous les deux ans, cependant, il est recommandé de couper une vieille tige au niveau du sol, pour laisser de la place à une nouvelle. Quant aux quelques branches trop longues, on les raccourcira juste après leur floraison.

Les **rosiers grimpants** pousseront en paix pendant leurs premières années. S'ils doivent couvrir une façade, recourbez au début quelques tiges pour qu'elles partent à l'horizontale : cela stimulera la floraison et la ramification. Chez les remontants, on peut raccourcir plus tard les grosses tiges latérales. Le plus important est de toujours couper environ 1 cm au-dessus d'un œil bien développé (futur bouton ou bourgeon) et légèrement en biais. Chez tous les rosiers greffés, le jardinier doit arracher, à leur base, les gourmands qui sortent du sol. On les reconnaît en général à leur couleur plus claire et à leur croissance plus rapide.

Les rosiers à massif doivent être rabattus à environ 20 cm du sol chaque année, au printemps, avant la remontée (en haut = avant la taille ; en bas = après).

Petit guide pratique

Bien soigner ses rosiers

La meilleure façon de protéger vos rosiers est de leur offrir un emplacement ensoleillé et aéré, avec un sol riche. Ensuite, la résistance du rosier dépend de sa variété, du climat et de la présence ou non de nuisibles.

Les **pucerons** : c'est l'un des plus fréquents fléaux. Verts, ou jaunâtres, ces suceurs de sève apprécient les extrémités des tiges jeunes et les feuilles nouvelles qui sont bien juteuses. En général, ils arrivent dès le printemps ou le début de l'été et s'en vont d'eux-mêmes. Tant qu'ils ne sont pas trop nombreux, on peut donc les ignorer ou en éliminer à l'occasion quelques colonies avec les doigts. Lors des longues périodes de chaleur et de sécheresse, toutefois, ils peuvent devenir si nombreux qu'ils provoquent une déformation des feuilles. Pour vous en débarrasser, vaporisez alors de l'eau savonneuse. Favorisez enfin la présence des coccinelles, chrysopes et syrphes qui sont très friands de pucerons.

La **maladie des taches noires** est la plus fréquente. Causée par des champignons, elle apparaît par temps humide, en fin de saison. Des taches brunes à noir violacé ponctuent le dessus des feuilles qui finissent par jaunir et tomber. Lorsque la plante est très malade, elle peut perdre tout son feuillage. Il vous faudra ramasser les feuilles tombées et les jeter à la poubelle afin que les agents pathogènes ne s'installent pas dans votre jardin. En prévention, nous vous conseillons de choisir des variétés des rosiers résistantes, de les planter dans des lieux aérés et de bien les nettoyer, l'humidité favorisant la maladie. Ensuite, la seule solution consiste à vaporiser un fongicide à l'apparition des premiers symptômes.

L'**oïdium** est également une maladie cryptogamique. Les feuilles et l'extrémité

En été, les pucerons (à gauche) et la maladie des taches noires (à droite) causent parfois des dégâts.

Il faut butter les rosiers greffés en hiver pour les protéger du gel.

Les branchages d'épicéa protègent les tiges des rosiers des brusques changements de température.

Dans les contrées aux hivers rigoureux, il est recommandé de couvrir les rosiers grimpants, par exemple avec des branchages.

des tiges se couvrent d'une couche blanche, en général lorsque le temps est chaud et sec dans la journée et frais et humide la nuit, comme c'est souvent le cas à la fin de l'été. Là encore, il faut bien nettoyer les rosiers, en favoriser l'aération, ramasser les feuilles mortes, et, si nécessaire, vaporiser un fongicide.
Ces mesures sont aussi efficaces contre la **rouille** du rosier, autre maladie cryptogamique qui provoque des taches brunâtres à jaunes sur le dessus des feuilles qui finissent par jaunir et tomber.

Protection hivernale

La résistance au gel des rosiers dépend de leur variété.
On recommande cependant de toujours protéger le point de greffe des rosiers à massif, buissons et grimpants **en les buttant** avant que la température ne passe en dessous de 0 °C.
À cet effet, à la fin du mois de novembre, vous formerez un petit tas de terre meuble ou de compost d'environ 25 cm de haut au pied de vos rosiers.
Il faut protéger les **rosiers tiges** en les couvrant de branchages d'épicéa ou de toile de lin. Dans les contrées aux hivers rigoureux, on agira de même avec les tiges des **rosiers grimpants**.

Index (L'astérisque indique une illustration)

Crédits photographiques

h =en haut ; b =en bas ;
d = à droite ; g = à gauche ;
m = au milieu

Dans le texte :
Borstell : 1, 2, 6, 7, 11, 15, 19, 27, 31, 35, 39, 51, 59, 60 g, 61 m
GBA/Noun : 58 b
Pforr : 60 d
Redeleit : 57 hd, 57 b, 61 g
Reinhard : 23, 55, 56
Sammer : 57 mg
Seidl : 57 hg, 57 md, 58 h
Stangl : 61 d
Strauß : 43, 47

Couverture :
1re de couv. : Reinhard
Verso 1re de couv. :
Adams : bd
Borstell : hd, mg, mm
Reinhard : hg, hm, bm
Ruckszio : bg
Seidl : md
Rabat 1re de couv./gauche :
Adams : bm
Borstell : hg, bg, bd
Kordes : hm
Reinhard : hd, mg, mm
Seidl : md
Rabat 1re de couv./droite :
Borstell : hg, hm, hd, bm, bd
Hagen : md
Reinhard : bg
Ruckszio : mg
Sammer : mm

Verso 4e de couv. :
Adams : hg
Borstell : hm, bg, bd
Reinhard : mm, md, bm
Ruckszio : hd
Seidl : mg

Rabat 4e de couv./gauche :
Borstell : hg, hd, md
Seidl : hm, mg, mm, bg
Reinhard : bm, bd
Rabat 4e de couv./droite :
Adams : md
Borstell : hm, hd, bm
Pforr : bg
Reinhard : hg
Ruckszio : bd
Sammer : md
Seidl : mm

Illustrations :
Sylvia Bespaluk
À l'exception de la p. 59 : Heidi Jani_ek

Chez le même éditeur – collection *Jardin/Mode d'emploi*

Haas H.-P.	*Balconnières*	Stein S.	*Jardins potagers*
Leyhe U.	*Massifs de fleurs*	Urban H.	*Jardins de senteurs*
Möller K.	*Haies fleuries*	Waechter D.	*Coins détente*
Poschmann B.	*Plantes en pots*	Waechter D.	*Jardins d'accueil*
Simon H.	*Fleurs d'été*	Waechter D.	*Plantes d'ombre*

Traduction française d'Hélène Tallon.

Dépôt légal : janvier 2005 – ISBN : 2 7114 1718 2 – ISSN 1767 1248
Mise en pages : FACOMPO – Lisieux.
Achevé d'imprimé en janvier 2005 par Bona – Italie.